My Book

This book belongs to

Name: _____

Copy right © 2019 MATH-KNOTS LLC

All rights reserved, no part of this publication may be reproduced, stored in any system or transmitted in any form, or by any means, electronic, mechanical, photocopying, recording, or otherwise without the written permission of MATH-KNOTS LLC.

Cover Design by :
Gowri Vemuri

First Edition :
April, 2020

Author :
Gowri Vemuri

Editor :
Ritvik Pothapragada

Questions: mathknots.help@gmail.com

NOTE : TJHSST (Thomas Jefferson High School for Science and Technology) or VDOE (Virginia Department of Education) is neither affiliated nor sponsors or endorses this product.

Dedication

This book is dedicated to:

My Mom, who is my best critic, guide and supporter.

To what I am today, and what I am going to become tomorrow,

is all because of your blessings, unconditional affection and support.

This book is dedicated to the

strongest women of my life,

my dearest mom

and

to all those moms in this universe.

G.V.

QUANT - Q

INDEX

Notes	9 - 14
Integers : Additions & Subtractions	14 - 71
Integers : Multiplication	72 - 109
Integers : Division	110 - 132
Number lines	133 - 144
Answer Keys	145 - 170

INTEGERS

Integers notes

Integers are a group, or set of numbers that consist of "whole numbers and their opposites"

1. Natural numbers and whole numbers are subset of integers.

2. The set does not include fractions or decimals.

3. The set includes positive and negative numbers.

4. Integers include : $-\infty$ ....., -5, -4, -3, -2, -1, 0, 1, 2, 3, 4, 5 ...... $+\infty$

5. Integers greater than zero are called positive integers.

6. Integers less than zero are called negative integers.

7. Zero is neither negative nor positive.

8. Negative integers are the numbers to the left of 0.
   Example : -5, -4, -3

9. Negative numbers have a negative (-) sigh in front of the number.

10. Positive integers are the numbers to the right of 0.

11. Positive numbers do not require the + sign in front.

12. If a number has no sign, it is a positive number.
    Example : 2, 3, 4, 10, 20

13. Negative numbers are frequently used in measurements.
    Example :   To measure temperatures, depth etc
    4^0 C below zero degree celsius is represented as -4^0
    100 ft below sea level is represented as -100 ft.

14. Arrows on a number line represent the numbers continuing for ever.

15. Positive numbers are represented on the right side of zero on the number line.

16. Negative numbers are represented on the left side of zero on the number line.

17. Number are placed at equal intervals on the number line. Not necessarily one unit.

INTEGERS

Integers can be represented on a number line as below

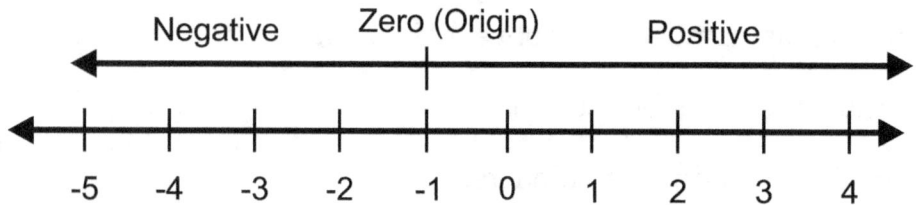

Absolute value :

The number line can be used to find the absolute value. The absolute value of an integer is the distance the number is from zero on the number line.

The absolute value of 2 is 2. Using the number line , 2 is a distance of 2 to the right of zero.
The absolute value of -2 is also 2. Again using the number line , the distance from -2 to zero is 2.
A measure of distance is always positive.

The symbol for absolute value of any number , x , is | x |.

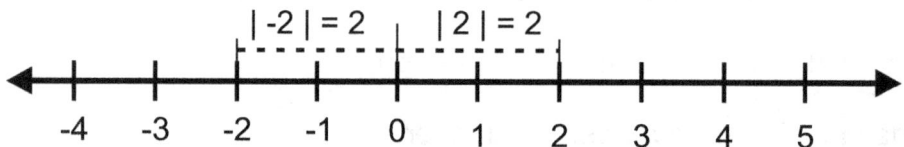

Opposite integers :

The opposite of an integer is the number that is at the same distance from zero in the opposite direction. Every integer has an opposite value, but the opposite of zero is itself.

The opposite of -4 is 4 because it is located the same distance from zero as 4 is , but in opposite direction.

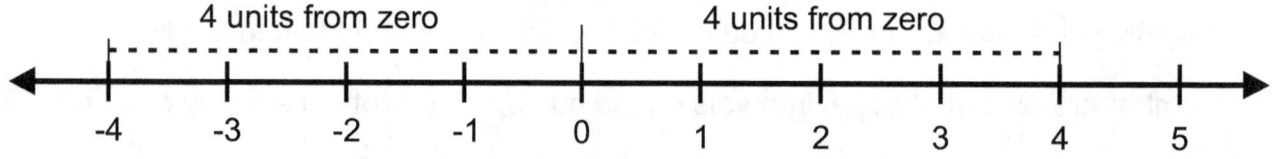

INTEGERS

Adding integers using a number line :

The number line is visual representation to understand the addition of positive and negative numbers. Start with the one value on the number line, then add the second value. If the second value (that is added) is positive, we move to the right that many spaces.

If the second value (that is added) is negative, we move to the left that many spaces.
The value where we land on the number line is the solution for the addition of two integers.

Example 1 : (-4) + (5) = 1
Start at the first number, -4, and travel 5 units to the right.

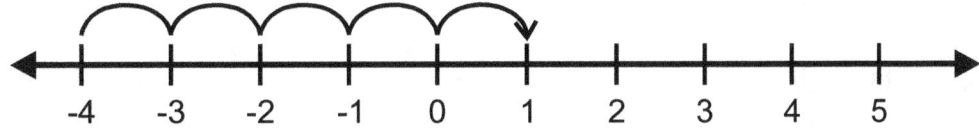

Example 2 : (5) + (-7) = -2
Start at the first number, 5, and travel 7 units to the left.

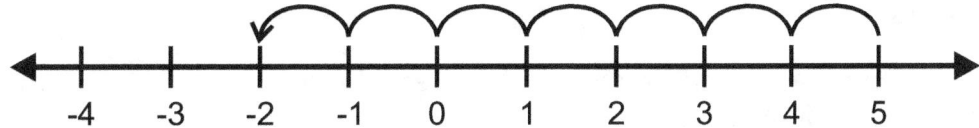

Adding integers using the rules :

Rules for adding integers :

If the signs are the same, add their absolute values, and keep the common sign.

If the signs are different, find the difference between the absolute values of the two numbers, and keep the sign of the number with the greater numerical value.

To the Tune of "Row Your Boat"

Same signs add and keep
Different signs subtract
Keep the sign of the greater digits
then you'll be exact

INTEGERS

Notes

Subtacting integers using a number line :

A number line is helpful in understanding subtraction of positive and negative values. Start with the first value on the number line, then subtract the second value. If the second value (that is subtracted) is positive, we move to the left that many spaces.

If the second value (that is subtracted) is negative, we move to the right that many spaces. This is because subtraction a negative is the same as adding.
The value where we end on the number line is the answer.

Example 1 : (-2) + (5) = 3
Start at the first number, -2, and travel 5 units to the right.

Subtacting integers using the rules :

Every subtraction problem can be written as an additional problem. When we subtract two integers, just <u>ADD THE OPPOSITE.</u> Subtracting a positive is the same as adding a negative. Subtracting a negative is the same as adding a positive.

Multiplying Integers :

Multiplying integers is same as multiplying whole numbers, except we must keep track of the signs associated to the numbers.

To multiply signed integers, always multiply the absolute values and use these rules to determine the sign of the product value

When we multiply two integers with the same signs, the result is always a positive value.

        Positive number X Positive number = Positive number

        Negative number X Negative number = Positive number

When we multiply two integers with different signs, the result is always a negative value.

        Positive number X Negative number = Negative number

        Negative number X Positive number = Negative number

Positive X Positive :   7 X 6 = 42   negative X negative : -7 X -6 = 42

Positive X negative :   7 X -6 = -42   negative X Positive : -7 X 6 = -42

INTEGERS

Notes

Dividing Integers :

Division of integers is similar to the division of whole numbers, except we must keep track of the signs associated.

To divide signed integers, we must always divide the absolute values and use the below rules to find the quotient value.

When we divide two integers with the same signs, the result is always a positive value.

$$\text{Positive} \div \text{Positive} = \text{Positive}$$

$$\text{Negative} \div \text{Negative} = \text{Positive}$$

When we divide two integers with opposite signs, the result is always a negative value.

$$\text{Positive} \div \text{Negative} = \text{Negative}$$

$$\text{Negative} \div \text{Positive} = \text{Negative}$$

Examples :

Positive ÷ Positive :   81 ÷ 9 = 9   Positive ÷ negative :   81 ÷ -9 = -9

negative ÷ negative :   -81 ÷ -9 = 9   negative ÷ Positive :   -81 ÷ 9 = -9

Golden Rules of Integers :

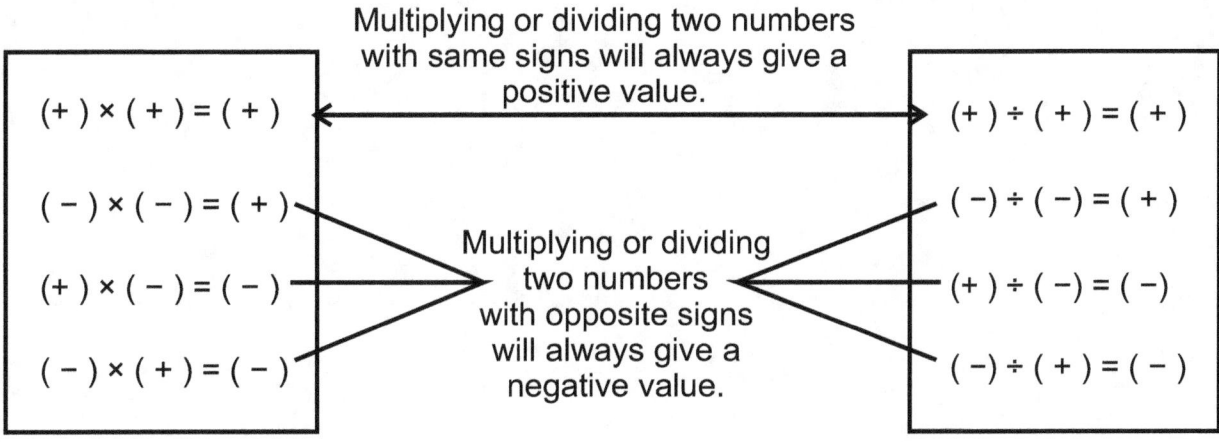

©All rights reserved-Math-Knots LLC., VA-USA
For more visit www.a4ace.com
www.math-knots.com

Integers

Find the value of the below.

(1) $(-8) + 8$

(2) $(-16) + 38$

(3) $(-17) + (-33)$

(4) $(-46) + 11$

(5) $(-42) + (-47)$

(6) $(-31) + (-42)$

(7) $(-8) + (-33)$

(8) $28 + (-49)$

(9) $(-40) + (-17)$

(10) $(-33) + (-7)$

INTEGERS

Find the value of the below.

(11) $(-47)+(-10)$

(12) $(-5)+47$

(13) $35+(-24)$

(14) $(-44)+(-17)$

(15) $19+(-33)$

(16) $(-45)+(-5)$

(17) $20+(-38)$

(18) $45+(-20)$

(19) $38+(-8)$

(20) $38+(-32)$

INTEGERS

Find the value of the below.

(21) $13 + (-1)$

(22) $(-42) + 41$

(23) $(-42) + (-1)$

(24) $38 + (-17)$

(25) $(-11) + 0$

(26) $(-27) + (-4)$

(27) $2 + (-34)$

(28) $(-20) + (-1)$

(29) $(-33) + 19$

(30) $29 + (-16)$

INTEGERS

Find the value of the below.

(31) $(-50)+(-3)$

(32) $(-20)+(-6)$

(33) $44+(-5)$

(34) $(-4)+35$

(35) $(-14)+42$

(36) $(-50)+(-34)$

(37) $(-37)+6$

(38) $(-14)+(-26)$

(39) $(-16)+(-6)$

(40) $(-10)+3$

INTEGERS

Find the value of the below.

(41) $(-7)+(-45)$

(42) $(-7)+6$

(43) $(-7)+(-7)$

(44) $27+(-39)$

(45) $26+(-48)$

(46) $(-35)+(-24)$

(47) $11+(-11)$

(48) $(-40)+19$

(49) $(-23)+48$

(50) $(-38)+18$

INTEGERS

Basic Math

Find the value of the below.

(51) $(-2) + 33$

(52) $(-18) + 39$

(53) $20 + (-4)$

(54) $(-41) + (-37)$

(55) $35 + (-50)$

(56) $(-37) + (-27)$

(57) $0 + (-22)$

(58) $26 + (-3)$

(59) $(-6) + 44$

(60) $12 + (-33)$

INTEGERS

Find the value of the below.

(61) $7 + (-9)$

(62) $11 + (-41)$

(63) $(-50) + (-47)$

(64) $37 + (-34)$

(65) $(-5) + 40$

(66) $5 + (-46)$

(67) $(-39) + (-27)$

(68) $(-29) + (-25)$

(69) $28 + (-38)$

(70) $(-46) + (-45)$

INTEGERS

Find the value of the below.

(71) $49 + (-8)$

(72) $(-17) + (-8)$

(73) $31 + (-36)$

(74) $(-44) + 17$

(75) $19 + (-38)$

(76) $(-209) + (-659) + (-39)$

(77) $392 + 77 + (-531)$

(78) $537 + (-807) + 694$

(79) $114 + (-45) + 90$

INTEGERS

Basic Math

Find the value of the below.

(80) $328 + (-260) + 414$

(81) $(-586) + (-943) + (-148)$

(82) $181 + (-7) + (-610)$

(83) $(-945) + (-359) + 49$

(84) $(-658) + (-552) + (-108)$

(85) $(-58) + (-253) + 832$

(86) $(-96) + 550 + (-437)$

(87) $821 + (-193) + 919$

(88) $384 + (-141) + 115$

(89) $626 + (-885) + 676$

INTEGERS

Find the value of the below.

(90) $544 + 421 + (-563)$

(91) $(-9) + (-44) + 413$

(92) $(-296) + (-872) + (-232)$

(93) $(-885) + 122 + 715$

(94) $383 + (-113) + (-141)$

(95) $(-692) + 736 + (-114)$

(96) $(-549) + (-314) + 769$

(97) $153 + (-743) + (-547)$

(98) $(-903) + 246 + 724$

(99) $(-731) + 820 + 212$

INTEGERS

Basic Math

Find the value of the below.

(100) $616 + 730 + (-490)$

(101) $690 + (-939) + 921$

(102) $(-16) + (-355) + (-724)$

(103) $343 + 620 + (-513)$

(104) $738 + (-968) + (-194)$

(105) $349 + (-633) + (-977)$

(106) $913 + 524 + (-931)$

(107) $393 + (-702) + 143$

(108) $387 + (-957) + (-731)$

(109) $(-848) + 188 + 602$

INTEGERS

Find the value of the below.

(110) $(-578) + 607 + (-989)$

(111) $224 + (-669) + 586$

(112) $296 + (-404) + 805$

(113) $(-96) + 502 + (-126)$

(114) $125 + (-182) + 920$

(115) $(-711) + (-168) + (-788)$

(116) $(-264) + (-873) + 646$

(117) $575 + (-646) + 310$

(118) $567 + 643 + (-360)$

(119) $(-237) + (-459) + (-790)$

INTEGERS

Find the value of the below.

(120) $(-510) + (-701) + 698$

(121) $(-150) + (-539) + 163$

(122) $350 + 694 + (-393)$

(123) $337 + (-247) + 849$

(124) $(-266) + (-620) + (-458)$

(125) $(-702) + (-822) + 63$

(126) $472 + 905 + (-98)$

(127) $373 + 224 + (-678)$

(128) $(-188) + (-127) + (-213)$

(129) $717 + (-830) + (-370)$

INTEGERS

Basic Math

Find the value of the below.

(130) $(-539) + 919 + 519$

(131) $693 + (-229) + (-720)$

(132) $(-522) + 492 + 957$

(133) $(-883) + (-608) + (-572)$

(134) $(-32) + (-256) + (-421)$

(135) $(-733) + (-265) + (-975)$

(136) $738 + 64 + (-2)$

(137) $260 + (-306) + 799$

(138) $(-414) + (-652) + (-974)$

(139) $(-893) + 633 + (-952)$

INTEGERS

Basic Math

Find the value of the below.

(140) $(-815) + 812 + (-248)$

(141) $(-248) + 976 + 895$

(142) $(-781) + 841 + 606$

(143) $98 + 95 + (-436)$

(144) $(-805) + 6 + (-323)$

(145) $(-204) + 373 + (-498)$

(146) $99 + 821 + (-193)$

(147) $916 + (-364) + (-258)$

(148) $(-227) + 884 + (-436)$

(149) $807 + 452 + (-659)$

INTEGERS

Basic Math

Find the value of the below.

(150) $(-665)+(-508)+828$

(151) $83+587+(-359)+56$

(152) $399+947+163+(-469)$

(153) $919+249+(-351)+556$

(154) $(-550)+422+(-447)+(-351)$

(155) $80+(-843)+(-307)+402$

(156) $162+(-80)+(-113)+281$

(157) $400+606+(-67)+(-353)$

(158) $794+(-165)+(-314)+(-548)$

(159) $(-29)+287+750+(-142)$

INTEGERS

Basic Math

Find the value of the below.

(160) $(-286)+(-630)+(-639)+(-764)$

(161) $(-284)+(-803)+899+478$

(162) $970+(-276)+(-779)+730$

(163) $745+38+(-664)+(-647)$

(164) $107+681+(-186)+(-416)$

(165) $(-256)+506+467+804$

(166) $(-282)+(-350)+(-599)+362$

(167) $(-821)+372+(-57)+(-716)$

(168) $(-214)+(-49)+(-922)+(-164)$

(169) $(-916)+299+687+881$

INTEGERS

Basic Math

Find the value of the below.

(170) $(-710) + 734 + (-58) + (-676)$

(171) $(-396) + 98 + (-834) + 798$

(172) $353 + 528 + (-376) + 33$

(173) $526 + 725 + (-991) + 652$

(174) $679 + (-417) + 547 + (-393)$

(175) $(-659) + 16 + (-144) + 932$

(176) $(-398) + 183 + 618 + (-583)$

(177) $(-398) + 173 + (-359) + 497$

(178) $(-191) + (-799) + 939 + (-956)$

(179) $(-617) + (-587) + 121 + 125$

INTEGERS

Basic Math

Find the value of the below.

(180) $(-836) + 886 + 34 + 650$

(181) $249 + (-245) + 626 + 555$

(182) $(-107) + (-487) + 420 + (-332)$

(183) $343 + 630 + (-99) + (-361)$

(184) $557 + 622 + (-509) + (-905)$

(185) $(-812) + (-13) + (-60) + 273$

(186) $324 + (-108) + 645 + 702$

(187) $217 + 501 + 64 + (-301)$

(188) $855 + (-274) + 768 + 6$

(189) $218 + 457 + 257 + (-488)$

INTEGERS

Basic Math

Find the value of the below.

(190) $(-818)+(-321)+(-933)+549$

(191) $(-312)+915+968+206$

(192) $(-872)+(-34)+(-509)+21$

(193) $615+225+(-20)+(-115)$

(194) $(-486)+836+506+(-567)$

(195) $896+(-802)+(-359)+628$

(196) $(-802)+(-990)+797+(-660)$

(197) $881+436+(-860)+(-66)$

(198) $(-951)+(-924)+330+788$

(199) $655+(-638)+(-913)+153$

INTEGERS

Basic Math

Find the value of the below.

(200) $(-117)+677+973+136$

(201) $(-83)+148+(-549)+(-625)$

(202) $946+30+265+(-534)$

(203) $(-341)+(-396)+(-305)+(-259)$

(204) $602+791+(-952)+(-635)$

(205) $887+(-470)+(-28)+434$

(206) $(-384)+(-175)+436+(-986)$

(207) $(-91)+(-245)+(-946)+725$

(208) $(-520)+371+116+14$

(209) $738+644+(-89)+(-552)$

INTEGERS

Find the value of the below.

(210) $222 + 979 + 996 + (-247)$

(211) $(-372) + (-200) + 673 + 527$

(212) $(-270) + 83 + (-381) + (-489)$

(213) $(-1000) + (-116) + (-895) + 409$

(214) $198 + (-923) + (-631) + (-908)$

(215) $(-855) + (-96) + 919 + (-178)$

(216) $713 + 8 + 38 + (-592)$

(217) $(-614) + 762 + (-127) + (-835)$

(218) $496 + (-312) + (-121) + (-669)$

(219) $(-155) + 824 + (-278) + (-520)$

INTEGERS

Basic Math

Find the value of the below.

(220) $(-10) + 382 + 204 + 502$

(221) $(-994) + (-597) + (-373) + 994$

(222) $238 + (-397) + (-775) + 603$

(223) $(-492) + (-998) + (-776) + (-469)$

(224) $(-398) + (-245) + 823 + (-391)$

(225) $(-983) + 55 + 633 + 654$

INTEGERS

Basic Math

Simplify the below integers.

(226) $(-91) - 75$

(227) $(-20) - 2$

(228) $(-28) - (-17)$

(229) $58 - (-27)$

(230) $89 - 45$

(231) $(-12) - 29$

(232) $(-77) - (-55)$

(233) $92 - 51$

(234) $(-73) - (-74)$

(235) $82 - (-20)$

INTEGERS

Basic Math

Simplify the below integers.

(236) $78 - 13$

(237) $87 - (-62)$

(238) $(-45) - 92$

(239) $34 - (-32)$

(240) $63 - (-42)$

(241) $(-16) - (-88)$

(242) $(-36) - (-58)$

(243) $52 - 0$

(244) $(-74) - 78$

(245) $(-9) - 54$

INTEGERS

Simplify the below integers.

(246) $(-2) - 84$ (247) $48 - 32$

(248) $41 - (-85)$ (249) $17 - (-100)$

(250) $78 - (-93)$ (251) $54 - 74$

(252) $(-2) - 25$ (253) $30 - (-99)$

(254) $(-62) - 23$ (255) $76 - (-75)$

INTEGERS

Simplify the below integers.

(256) $83 - (-74)$

(257) $76 - 47$

(258) $12 - 21$

(259) $(-69) - 46$

(260) $(-38) - 31$

(261) $69 - (-24)$

(262) $23 - (-36)$

(263) $94 - (-92)$

(264) $(-99) - (-18)$

(265) $(-9) - (-89)$

INTEGERS

Basic Math

Simplify the below integers.

(266) $69 - (-57)$

(267) $49 - (-76)$

(268) $14 - (-95)$

(269) $28 - 76$

(270) $(-80) - 24$

(271) $60 - (-88)$

(272) $34 - 10$

(273) $6 - 54$

(274) $25 - 72$

(275) $(-68) - 85$

INTEGERS

Basic Math

Simplify the below integers.

(276) 72 − 29

(277) (−4) − (−76)

(278) 75 − 23

(279) 7 − (−81)

(280) (−81) − 89

(281) (−15) − (−9)

(282) (−80) − 32

(283) 48 − (−63)

(284) (−5) − (−97)

(285) 57 − 45

INTEGERS

Simplify the below integers.

(286) $(-97) - 86$

(287) $99 - (-80)$

(288) $(-17) - (-78)$

(289) $83 - 30$

(290) $(-57) - 14$

(291) $96 - (-4)$

(292) $(-84) - 73$

(293) $(-87) - (-68)$

(294) $93 - (-23)$

(295) $(-37) - (-25)$

INTEGERS

Simplify the below integers.

(296) $30 - (-83)$

(297) $(-99) - 66$

(298) $49 - (-14)$

(299) $(-62) - 47$

(300) $3 - 71$

(301) $(-350) - 422$

(302) $71 - (-353)$

(303) $456 - 431$

(304) $(-108) - (-252)$

(305) $209 - 367$

INTEGERS

Basic Math

Simplify the below integers.

(306) $375 - (-348)$

(307) $(-80) - (-91)$

(308) $316 - (-135)$

(309) $(-431) - 397$

(310) $(-349) - 254$

(311) $35 - 164$

(312) $197 - (-438)$

(313) $37 - (-316)$

(314) $460 - 114$

(315) $27 - 357$

INTEGERS

Simplify the below integers.

(316) $6 - 266$

(317) $(-61) - (-253)$

(318) $186 - 289$

(319) $50 - (-62)$

(320) $191 - (-264)$

(321) $427 - 154$

(322) $(-282) - (-230)$

(323) $(-129) - 374$

(324) $306 - 483$

(325) $158 - (-475)$

INTEGERS

Simplify the below integers.

(326) $(-119) - 126$

(327) $452 - (-117)$

(328) $(-380) - (-264)$

(329) $(-264) - 15$

(330) $(-268) - 396$

(331) $(-431) - (-61)$

(332) $336 - 82$

(333) $458 - (-306)$

(334) $204 - 379$

(335) $306 - 158$

INTEGERS

Basic Math

Simplify the below integers.

(336) $296 - 201$

(337) $(-209) - 348$

(338) $129 - 440$

(339) $(-340) - 256$

(340) $109 - (-384)$

(341) $327 - 77$

(342) $76 - 281$

(343) $(-288) - 192$

(344) $(-378) - 196$

(345) $(-308) - (-271)$

INTEGERS

Basic Math

Simplify the below integers.

(346) $(-178)-(-407)$

(347) $160-(-391)$

(348) $84-(-240)$

(349) $(-368)-(-214)$

(350) $(-91)-54$

(351) $(-239)-473$

(352) $388-(-40)$

(353) $439-179$

(354) $444-274$

(355) $(-338)-285$

INTEGERS

Simplify the below integers.

(356) $430 - (-258)$

(357) $175 - 397$

(358) $(-464) - 1$

(359) $417 - (-400)$

(360) $351 - (-379)$

(361) $(-214) - 12$

(362) $485 - (-436)$

(363) $(-498) - 360$

(364) $(-280) - (-6)$

(365) $(-161) - (-218)$

INTEGERS

Basic Math

Simplify the below integers.

(366) $471 - (-496)$

(367) $93 - (-290)$

(368) $429 - (-238)$

(369) $260 - 354$

(370) $428 - (-194)$

(371) $(-345) - 195$

(372) $(-349) - 344$

(373) $201 - (-43)$

(374) $120 - (-453)$

(375) $281 - (-472)$

INTEGERS

Simplify the below integers.

(376) $72 - 59 - (-7)$

(377) $(-84) - (-68) - 33$

(378) $(-72) - (-41) - (-4)$

(379) $(-33) - 37 - (-35)$

(380) $72 - (-21) - 7$

(381) $70 - 82 - 74$

(382) $(-92) - 34 - (-49)$

(383) $(-99) - (-72) - (-41)$

(384) $45 - (-89) - (-3)$

(385) $8 - (-12) - (-93)$

INTEGERS

Simplify the below integers.

(386) $(-84) - 88 - (-35)$

(387) $(-31) - (-76) - 3$

(388) $35 - 48 - 45$

(389) $(-54) - (-87) - 86$

(390) $98 - (-27) - 64$

(391) $(-54) - (-51) - (-64)$

(392) $47 - (-72) - (-96)$

(393) $51 - 94 - (-80)$

(394) $(-24) - (-9) - (-88)$

(395) $76 - (-75) - 46$

INTEGERS

Simplify the below integers.

(396) $(-18)-47-(-74)$

(397) $(-15)-(-47)-(-19)$

(398) $40-(-73)-(-93)$

(399) $(-36)-(-36)-(-40)$

(400) $89-21-84$

(401) $(-86)-(-29)-(-78)$

(402) $(-94)-(-60)-94$

(403) $(-51)-(-23)-(-2)$

(404) $(-98)-(-55)-34$

(405) $(-91)-47-39$

INTEGERS

Basic Math

Simplify the below integers.

(406) $(-90)-91-87$

(407) $(-19)-78-(-12)$

(408) $68-(-14)-(-41)$

(409) $2-79-4$

(410) $11-98-31$

(411) $82-(-54)-(-30)$

(412) $(-57)-32-(-42)$

(413) $(-85)-(-15)-(-92)$

(414) $(-67)-(-86)-50$

(415) $16-(-64)-(-86)$

INTEGERS

Basic Math

Simplify the below integers.

(416) $(-67) - 68 - 36$

(417) $0 - (-89) - (-78)$

(418) $30 - (-9) - 32$

(419) $72 - 15 - 20$

(420) $38 - (-2) - (-9)$

(421) $(-54) - 37 - (-78)$

(422) $44 - (-99) - 46$

(423) $(-59) - 44 - 95$

(424) $29 - (-68) - 87$

(425) $93 - 70 - (-89)$

INTEGERS

Simplify the below integers.

(426) $85 - (-1) - 48$

(427) $(-17) - (-11) - 75$

(428) $(-84) - 52 - (-18)$

(429) $68 - (-2) - 51$

(430) $95 - 54 - (-17)$

(431) $8 - 66 - 36$

(432) $(-81) - 14 - (-39)$

(433) $71 - (-64) - (-85)$

(434) $47 - 63 - 91$

(435) $67 - (-39) - (-16)$

INTEGERS

Basic Math

Simplify the below integers.

(436) $47 - 1 - 27$

(437) $(-3) - (-96) - (-15)$

(438) $(-43) - 8 - (-92)$

(439) $(-49) - (-77) - 52$

(440) $(-86) - (-1) - 51$

(441) $(-18) - 60 - (-55)$

(442) $(-41) - (-4) - 32$

(443) $(-83) - (-62) - (-36)$

(444) $(-56) - (-24) - (-1)$

(445) $(-59) - (-75) - (-31)$

INTEGERS

Simplify the below integers.

(446) $(-100)-(-98)-86$

(447) $(-4)-32-59$

(448) $(-52)-(-32)-(-70)$

(449) $(-38)-21-(-44)$

(450) $53-49-(-85)$

INTEGERS

Simplify the below expressions.

(451) $41 + (-723) - 763$

(452) $765 + 182 + (-353)$

(453) $(-599) - 747 - (-642)$

(454) $(-513) - (-397) - (-347)$

(455) $(-86) + (-474) + (-586)$

(456) $(-530) - 245 - 994$

(457) $(-382) - (-296) - 323$

(458) $(-26) + (-627) + 351$

(459) $766 + 369 + (-136)$

(460) $(-338) - 703 + 926$

INTEGERS

Basic Math

Simplify the below expressions.

(461) $860 - 662 + 984$

(462) $(-58) + (-976) - 737$

(463) $306 + 971 - (-617)$

(464) $782 - 156 - (-839)$

(465) $16 + 155 - (-97)$

(466) $306 + (-570) + 166$

(467) $(-286) + 242 + 861$

(468) $25 + (-880) + 626$

(469) $905 - (-976) + (-760)$

(470) $800 + 982 + (-260)$

INTEGERS

Basic Math

Simplify the below expressions.

(471) $21 + (-817) + 844$

(472) $611 + (-315) + 75$

(473) $(-408) + (-949) + 942$

(474) $111 - (-718) + (-577)$

(475) $(-866) - (-767) - (-823)$

(476) $(-666) + 70 - (-722)$

(477) $615 + (-623) + 332$

(478) $251 + 478 + (-346)$

(479) $(-116) + (-283) - 491$

(480) $(-945) - (-152) + 141$

INTEGERS

Simplify the below expressions.

(481) $239 - (-376) + (-28)$

(482) $515 - (-948) - 759$

(483) $908 - 852 + (-821)$

(484) $(-192) - (-345) + 104$

(485) $966 - (-58) + 761$

(486) $(-370) + 530 - (-894)$

(487) $673 - (-240) + 915$

(488) $(-115) - (-448) - 96$

(489) $(-183) - 768 + (-5)$

(490) $(-10) + (-836) - 277$

INTEGERS

Simplify the below expressions.

(491) $(-463) - 453 + (-458)$

(492) $32 - 69 - 99$

(493) $(-485) - (-281) + 64$

(494) $(-222) + (-143) + 269$

(495) $393 - (-508) - 619$

(496) $(-8) - 25 + 84$

(497) $662 - (-334) + 512$

(498) $(-567) - (-105) - (-58)$

(499) $(-150) + (-174) + (-867)$

(500) $(-54) - 265 - 256$

INTEGERS

Basic Math

Simplify the below expressions.

(501) $(-22)-(-1)-128$

(502) $(-929)-(-197)+103$

(503) $(-74)-669+(-887)$

(504) $509-557-(-47)$

(505) $(-611)+(-478)+610$

(506) $19+(-684)-462$

(507) $975-(-632)+(-576)$

(508) $567-848+991$

(509) $328-987+725$

(510) $540-(-564)-390$

INTEGERS

Basic Math

Simplify the below expressions.

(511) $(-554) - 797 - 880$

(512) $(-106) + 321 - 52$

(513) $(-290) - 801 + (-344)$

(514) $264 + (-327) + (-671)$

(515) $513 + (-536) - 747$

(516) $571 - 79 - (-26)$

(517) $(-321) + 424 + (-785)$

(518) $878 + 728 + (-234)$

(519) $(-773) + (-255) + (-611)$

(520) $186 - (-337) + (-820)$

INTEGERS

Simplify the below expressions.

(521) $624 + 770 - 73$

(522) $960 + 998 + (-732)$

(523) $(-465) + 961 + 86$

(524) $(-356) + 699 - 547$

(525) $576 + 109 - (-113)$

(526) $610 + (-936) - (-283)$

(527) $553 - (-811) - (-864)$

(528) $47 - (-342) - (-405)$

(529) $299 + 456 + (-910)$

(530) $660 + 898 - 934$

INTEGERS

Basic Math

Simplify the below expressions.

(531) $(-665) - 893 + 457$

(532) $(-268) + 384 + (-882)$

(533) $243 + (-108) + (-478)$

(534) $281 - 689 + (-300)$

(535) $(-131) - 181 - (-582)$

(536) $506 + (-615) - 751$

(537) $232 - (-532) + 833$

(538) $70 - (-292) - (-688)$

(539) $518 + 790 - (-321)$

(540) $211 - (-454) + 856$

INTEGERS

Find the product of the below.

(541)   −7 × −7

(542)   −4 × −1

(543)   −4 × 8

(544)   −10 × 10

(545)   −9 × 2

(546)   −3 × 6

(547)   −6 × 4

(548)   −3 × −7

(549)   −7 × −2

(550)   2 × −10

INTEGERS

Find the product of the below.

(551) 3 × −6

(552) −7 × 10

(553) −8 × 8

(554) −4 × 3

(555) 7 × −8

(556) 0 × −10

(557) −3 × −9

(558) 0 × −9

(559) −10 × 0

(560) −4 × 0

INTEGERS

Find the product of the below.

(561)   −2 × 8

(562)   −5 × 10

(563)   5 × −1

(564)   −9 × 4

(565)   −9 × −5

(566)   0 × −5

(567)   −3 × 9

(568)   3 × −3

(569)   7 × −6

(570)   4 × −4

INTEGERS

Basic Math

Find the product of the below.

(571) −3 × 8

(572) −8 × −7

(573) −9 × 10

(574) 7 × −3

(575) 10 × −2

(576) 5 × −7

(577) −7 × 6

(578) 9 × −2

(579) −9 × −9

(580) 5 × −10

INTEGERS

Find the product of the below.

(581) −5 × −9

(582) −2 × −1

(583) 8 × −10

(584) −2 × −8

(585) 0 × −4

(586) −8 × −2

(587) −7 × 0

(588) 3 × −2

(589) 2 × −3

(590) 6 × −10

INTEGERS

Basic Math

Find the product of the below.

(591) −8 × 2

(592) −5 × 2

(593) 0 × −7

(594) 4 × −9

(595) −7 × −3

(596) −8 × −9

(597) −5 × −7

(598) −6 × 6

(599) −7 × 5

(600) −10 × −10

INTEGERS

Find the product of the below.

(601) −9 × −3

(602) −6 × 9

(603) −6 × 3

(604) −10 × −8

(605) −8 × −3

(606) 8 × −9

(607) −4 × 5

(608) 8 × −3

(609) −10 × −3

(610) −4 × −9

INTEGERS

Find the product of the below.

(611) −3 × 7

(612) −9 × −8

(613) −6 × −9

(614) 9 × −6

(615) −7 × −4

(616) −18 × −11

(617) −4 × −3

(618) −8 × 13

(619) −6 × −3

(620) −10 × 9

INTEGERS

Find the product of the below.

(621) −3 × 10

(622) 20 × −8

(623) 10 × −3

(624) −18 × −17

(625) −17 × 5

(626) −7 × −13

(627) −10 × 6

(628) −15 × 4

(629) −19 × −14

(630) −16 × −4

INTEGERS

Find the product of the below.

(631) 18 × −3

(632) −18 × −2

(633) −20 × 5

(634) 3 × −9

(635) 6 × −20

(636) −12 × −11

(637) −15 × −9

(638) −3 × 4

(639) 2 × −17

(640) −16 × −6

INTEGERS

Find the product of the below.

(641) 2 × −18

(642) −7 × −8

(643) −2 × 10

(644) 4 × −8

(645) 10 × −20

(646) 8 × −7

(647) 18 × −9

(648) −20 × −10

(649) 11 × −15

(650) −16 × 4

INTEGERS

Basic Math

Find the product of the below.

(651) −5 × 15

(652) 17 × −2

(653) 14 × −10

(654) 20 × −4

(655) 18 × −5

(656) −19 × −7

(657) 17 × −3

(658) 10 × −18

(659) −15 × 12

(660) −17 × −14

INTEGERS

Find the product of the below.

(661)　−11 × 20

(662)　−7 × 16

(663)　7 × −20

(664)　4 × −1

(665)　−11 × 15

(666)　−5 × 17

(667)　−11 × −18

(668)　20 × −3

(669)　5 × −9

(670)　−8 × 15

INTEGERS

Basic Math

Find the product of the below.

(671) 10 × −9

(672) −15 × −19

(673) 19 × −2

(674) −10 × 12

(675) −11 × −13

(676) 16 × −16

(677) −2 × 12

(678) −3 × −13

(679) 14 × −6

(680) −3 × −1

INTEGERS

Find the product of the below.

(681) 14 × −8

(682) 16 × −18

(683) −14 × 9

(684) −10 × 3

(685) −3 × 5

(686) −3 × −18

(687) −6 × −11

(688) 4 × −12

(689) 7 × −12

(690) 3 × −11

INTEGERS

Find the product of the below.

(691)   17 × −6 × −21

(692)   21 × 32 × −8

(693)   32 × −19 × 22

(694)   8 × −4 × 5

(695)   −10 × 4 × 25

(696)   26 × −22 × 26

(697)   2 × 9 × −33

(698)   18 × −22 × −18

(699)   −5 × −6 × −35

(700)   −28 × −34 × 3

INTEGERS

Basic Math

Find the product of the below.

(701) 19 × 34 × −11

(702) 4 × 16 × −11

(703) −31 × 29 × −33

(704) −31 × −10 × −21

(705) −7 × 31 × 28

(706) −31 × −28 × 25

(707) 23 × −15 × 23

(708) 17 × −13 × 27

(709) −30 × −26 × 26

(710) −33 × −5 × −25

INTEGERS

Basic Math

Find the product of the below.

(711) 10 × −1 × −2

(712) 35 × −29 × 18

(713) 4 × −34 × 35

(714) −2 × −4 × 29

(715) 19 × −16 × −26

(716) −33 × −34 × 32

(717) 26 × 19 × −28

(718) 15 × −34 × −27

(719) −13 × −23 × 5

(720) 21 × −9 × 18

INTEGERS

Find the product of the below.

(721) 33 × 16 × −34

(722) 4 × −13 × −25

(723) 16 × −11 × −10

(724) 6 × −18 × 26

(725) −35 × −22 × 22

(726) 5 × 29 × −6

(727) −8 × −21 × 19

(728) −25 × 31 × −18

(729) 8 × −22 × −1

(730) −11 × 11 × 0

INTEGERS

Find the product of the below.

(731) −29 × −35 × −2

(732) −6 × −7 × −35

(733) −12 × 7 × −34

(734) −32 × 33 × 9

(735) −16 × −22 × −1

(736) −12 × −20 × 10

(737) 12 × −8 × −31

(738) −29 × −10 × 32

(739) 8 × −11 × −5

(740) −9 × −14 × 32

INTEGERS

Basic Math

Find the product of the below.

(741) −2 × −12 × 33

(742) −10 × 20 × 9

(743) −27 × 23 × −9

(744) 20 × 11 × −29

(745) 29 × −21 × −3

(746) 18 × −17 × −33

(747) 22 × 22 × −28

(748) −32 × −22 × 25

(749) 34 × −14 × −10

(750) 19 × −25 × −35

INTEGERS

Basic Math

Find the product of the below.

(751) −21 × 8 × 33

(752) 25 × −18 × −29

(753) 8 × 3 × −27

(754) 22 × −13 × −32

(755) 3 × −11 × 5

(756) 9 × −1 × 23

(757) −20 × −28 × 12

(758) −12 × 28 × 27

(759) 33 × −16 × −5

(760) −34 × −20 × −35

INTEGERS

Find the product of the below.

(761)   −10 × −2 × 9

(762)   −26 × −30 × −7

(763)   −16 × −10 × 10

(764)   −31 × −11 × −6

(765)   −5 × −30 × −24

(766)   −29 × −17 × 44

(767)   −48 × −47 × 33

(768)   −11 × −9 × −23

(769)   28 × 35 × −17

(770)   −28 × 20 × −7

INTEGERS

Find the product of the below.

(771) −22 × 26 × 44

(772) 26 × −44 × −42

(773) −31 × 20 × 22

(774) −34 × 19 × 32

(775) −46 × 33 × 16

(776) −44 × 47 × −30

(777) 49 × −48 × −46

(778) 42 × 48 × −8

(779) −19 × 4 × 13

(780) −17 × 36 × −47

INTEGERS

Find the product of the below.

(781) −12 × 46 × −50

(782) −3 × −5 × 45

(783) −32 × 32 × 47

(784) −15 × 37 × −20

(785) 42 × 48 × −30

(786) 33 × −38 × −5

(787) −32 × −1 × −48

(788) −3 × −26 × −16

(789) 48 × 33 × −3

(790) 24 × 17 × −20

INTEGERS

Find the product of the below.

(791) −19 × 5 × 5

(792) 19 × 44 × −16

(793) −18 × 45 × −48

(794) 21 × −11 × −41

(795) 18 × −9 × −14

(796) −37 × 19 × −28

(797) 32 × 26 × −6

(798) −37 × −2 × −22

(799) 18 × 5 × −1

(800) 41 × −27 × −25

INTEGERS

Find the product of the below.

(801) 22 × −25 × −27

(802) −29 × −1 × −47

(803) −2 × −50 × 29

(804) 9 × −4 × 22

(805) 44 × −50 × 27

(806) 26 × 19 × −1

(807) −5 × 20 × 35

(808) 34 × −38 × 16

(809) 18 × 29 × −48

(810) −41 × 18 × −33

INTEGERS

Basic Math

Find the product of the below.

(811) 18 × −31 × 3

(812) 47 × −11 × 19

(813) 6 × 15 × −22

(814) 11 × −39 × 9

(815) −23 × −22 × −30

(816) 12 × 15 × −42

(817) −25 × −50 × −3

(818) −23 × 47 × 28

(819) −25 × −8 × −14

(820) −43 × 41 × −24

INTEGERS

Find the product of the below.

(821)   29 × −38 × 10

(822)   −31 × 15 × 50

(823)   50 × 48 × −18

(824)   11 × 42 × −24

(825)   −9 × 16 × −33

(826)   −3 × −23 × 33

(827)   −32 × 21 × 15

(828)   −49 × 17 × 31

(829)   −3 × −1 × −27

(830)   −18 × −11 × −3

INTEGERS

Basic Math

Find the product of the below.

(831) −5 × 3 × 4

(832) −11 × 35 × 37

(833) 50 × −27 × 16

(834) −31 × −9 × 35

(835) −27 × 24 × −15

(836) −45 × 28 × 46

(837) −29 × −38 × −10

(838) 39 × −1 × −38

(839) 44 × −4 × −31

(840) −36 × 11 × −48

INTEGERS

Find the product of the below.

(841)   −7 × 2 × −15 × 10

(842)   12 × 12 × −2 × 7

(843)   −7 × −19 × −19 × −17

(844)   −6 × 15 × 2 × −3

(845)   −9 × −9 × −9 × −11

(846)   −12 × −10 × 11 × −5

(847)   −18 × 13 × 9 × 10

(848)   7 × 13 × 7 × −2

(849)   −7 × −16 × −11 × 6

(850)   18 × −4 × −6 × 9

INTEGERS

Find the product of the below.

(851)   −5 × 18 × −18 × −9

(852)   −10 × −9 × −19 × 2

(853)   15 × −15 × 5 × 11

(854)   12 × 20 × −17 × −14

(855)   −18 × 14 × −4 × −2

(856)   2 × −4 × −1 × 20

(857)   −17 × −12 × 5 × 17

(858)   20 × 10 × −9 × −5

(859)   4 × −4 × 19 × −6

(860)   9 × 19 × −1 × 19

INTEGERS

Find the product of the below.

(861) 12 × 7 × −1 × −4

(862) −15 × −19 × −1 × −20

(863) −20 × −6 × −14 × −11

(864) −12 × 7 × −6 × 18

(865) 5 × 14 × −15 × 4

(866) 7 × 3 × −2 × 5

(867) −18 × 5 × −2 × −3

(868) −2 × −7 × 18 × 18

(869) 12 × 9 × −8 × 12

(870) −11 × −20 × −16 × 18

INTEGERS

Find the product of the below.

(871) −20 × −5 × −11 × −5

(872) −18 × −16 × 16 × −18

(873) −6 × −9 × 6 × −8

(874) −11 × −3 × −2 × −4

(875) 13 × 2 × −19 × −19

(876) 3 × −3 × −6 × −16

(877) −16 × 5 × −4 × −16

(878) −16 × 5 × 5 × 11

(879) −3 × −7 × −3 × −13

(880) −2 × −8 × −17 × −3

INTEGERS

Find the product of the below.

(881) 7 × −7 × −19 × −17

(882) 14 × 6 × −4 × 14

(883) −12 × −20 × −14 × 6

(884) −13 × 20 × −8 × −1

(885) −9 × 5 × −13 × −8

(886) 16 × 20 × −1 × 3

(887) −20 × 12 × −9 × −16

(888) −12 × 5 × −10 × −9

(889) −2 × −5 × −14 × 9

(890) −19 × −2 × −5 × 6

INTEGERS

Find the product of the below.

(891) −7 × −10 × −6 × −12

(892) 4 × −5 × 16 × 19

(893) −11 × −11 × 9 × 4

(894) 5 × 6 × −16 × −17

(895) −13 × −16 × −11 × 9

(896) −20 × 18 × 2 × 13

(897) −3 × 6 × 3 × −7

(898) −16 × 11 × 13 × 2

(899) 7 × 13 × −7 × 19

(900) −14 × 3 × −15 × 8

INTEGERS

Basic Math

Find the product of the below.

(901) −12 × −10 × −3 × −15

(902) −19 × 14 × 9 × −3

(903) 9 × 2 × −10 × 20

(904) −7 × 13 × 6 × 12

(905) 18 × −8 × −12 × 10

(906) −2 × 18 × −15 × 6

(907) 20 × −11 × −1 × −8

(908) −8 × −1 × 3 × 20

(909) −7 × −8 × 19 × −19

(910) −8 × −20 × −10 × 5

INTEGERS

Basic Math

Find the product of the below.

(911)   −17 × −13 × 6 × 13

(912)   13 × 6 × −13 × −9

(913)   −17 × −15 × −15 × 20

(914)   −2 × −11 × −1 × −8

(915)   10 × −9 × −13 × −14

INTEGERS

Find the quotient of the below.

(916) 66 ÷ −11

(917) −66 ÷ −11

(918) 12 ÷ − 6

(919) −72 ÷ −12

(920) 44 ÷ −11

(921) −45 ÷ 9

(922) −126 ÷ −14

(923) −120 ÷ −8

(924) −84 ÷ −7

(925) 20 ÷ −5

INTEGERS

Basic Math

Find the quotient of the below.

(926) 6 ÷ −3

(927) 0 ÷ 12

(928) −132 ÷ 12

(929) −60 ÷ −4

(930) −22 ÷ −11

(931) −26 ÷ −13

(932) −40 ÷ −4

(933) −78 ÷ 13

(934) −14 ÷ 2

(935) 91 ÷ −7

INTEGERS

Find the quotient of the below.

(936) −99 ÷ −11

(937) −20 ÷ −5

(938) 16 ÷ −8

(939) −156 ÷ −13

(940) 24 ÷ −4

(941) 126 ÷ −14

(942) 182 ÷ −13

(943) 0 ÷ 14

(944) −22 ÷ 11

(945) −24 ÷ 4

INTEGERS

Basic Math

Find the quotient of the below.

(946) 140 ÷ −14

(947) 64 ÷ −8

(948) −180 ÷ −15

(949) 81 ÷ −9

(950) 60 ÷ −4

(951) −14 ÷ −1

(952) 6 ÷ −1

(953) 0 ÷ 3

(954) −44 ÷ 4

(955) −150 ÷ −10

INTEGERS

Find the quotient of the below.

(956) −112 ÷ −8

(957) −70 ÷ 7

(958) −28 ÷ −7

(959) −90 ÷ 6

(960) −70 ÷ −10

(961) −140 ÷ 14

(962) −110 ÷ 10

(963) −9 ÷ −3

(964) 14 ÷ −14

(965) −96 ÷ −8

INTEGERS

Find the quotient of the below.

(966) −98 ÷ 14

(967) 0 ÷ −5

(968) −20 ÷ −2

(969) −30 ÷ −2

(970) −30 ÷ −15

(971) −88 ÷ −8

(972) −18 ÷ 9

(973) −49 ÷ 7

(974) −126 ÷ 14

(975) −22 ÷ −2

INTEGERS

Find the quotient of the below.

(976) −36 ÷ −4

(977) −90 ÷ −10

(978) 13 ÷ − 1

(979) 75 ÷ −15

(980) −120 ÷ 12

(981) −72 ÷ 6

(982) −15 ÷ −5

(983) 22 ÷ −11

(984) −18 ÷ 6

(985) 180 ÷ −15

INTEGERS

Find the quotient of the below.

(986) 48 ÷ −8

(987) −5 ÷ −1

(988) −55 ÷ 5

(989) 0 ÷ 11

(990) −21 ÷ −3

(991) 560 ÷ 14

(992) 950 ÷ 50

(993) 86 ÷ 2

(994) 825 ÷ 33

(995) 480 ÷ 30

INTEGERS

Find the quotient of the below.

(996)   850 ÷ 17

(997)   300 ÷ 12

(998)   91 ÷ 7

(999)   900 ÷ 18

(1000)   234 ÷ 26

(1001)   20 ÷ 2

(1002)   351 ÷ 27

(1003)   987 ÷ 47

(1004)   522 ÷ 29

(1005)   203 ÷ 7

INTEGERS

Basic Math

Find the quotient of the below.

(1006)   385 ÷ 35

(1007)   2058 ÷ 49

(1008)   430 ÷ 10

(1009)   1161 ÷ 43

(1010)   1276 ÷ 29

(1011)   186 ÷ 31

(1012)   280 ÷ 20

(1013)   320 ÷ 20

(1014)   112 ÷ 8

(1015)   282 ÷ 6

INTEGERS

Find the quotient of the below.

(1016)   1750 ÷ 50

(1017)   133 ÷ 19

(1018)   330 ÷ 10

(1019)   114 ÷ 38

(1020)   504 ÷ 14

(1021)   468 ÷ 39

(1022)   1200 ÷ 48

(1023)   2156 ÷ 44

(1024)   250 ÷ 50

(1025)   486 ÷ 27

INTEGERS

Basic Math

Find the quotient of the below.

(1026)   756 ÷ 42

(1027)   60 ÷ 2

(1028)   192 ÷ 32

(1029)   0 ÷ 18

(1030)   492 ÷ 41

(1031)   1280 ÷ 32

(1032)   390 ÷ 30

(1033)   52 ÷ 4

(1034)   777 ÷ 21

(1035)   275 ÷ 25

INTEGERS

Basic Math

Find the quotient of the below.

(1036) 75 ÷ 15

(1037) 484 ÷ 44

(1038) 1435 ÷ 41

(1039) 189 ÷ 27

(1040) 215 ÷ 43

(1041) 667 ÷ 23

(1042) 86 ÷ 43

(1043) 1518 ÷ 46

(1044) 1230 ÷ 30

(1045) 735 ÷ 15

INTEGERS

Basic Math

Find the quotient of the below.

(1046) 1440 ÷ 36   (1047) 147 ÷ 7

(1048) 252 ÷ 14   (1049) 817 ÷ 43

(1050) 96 ÷ 48   (1051) 2112 ÷ 44

(1052) 1014 ÷ 26   (1053) 315 ÷ 45

(1054) 1150 ÷ 46   (1055) 540 ÷ 27

INTEGERS

Basic Math

Find the quotient of the below.

(1056) 918 ÷ 27

(1057) 1152 ÷ 32

(1058) 420 ÷ 12

(1059) 759 ÷ 33

(1060) 1287 ÷ 33

(1061) 110 ÷ 11

(1062) 650 ÷ 50

(1063) 272 ÷ 16

(1064) 100 ÷ 20

(1065) 912 ÷ 19

INTEGERS

Find the quotient of the below.

(1066)   8730 ÷ −90

(1067)   468 ÷ −6

(1068)   −350 ÷ 14

(1069)   −1580 ÷ 79

(1070)   6300 ÷ −90

(1071)   −1350 ÷ − 15

(1072)   −2970 ÷ −99

(1073)   −896 ÷ 64

(1074)   −5704 ÷ 92

(1075)   −4838 ÷ 59

INTEGERS

Find the quotient of the below.

(1076) 4896 ÷ −51

(1077) −5980 ÷ − 92

(1078) −1176 ÷ 49

(1079) −29 ÷ 29

(1080) −5546 ÷ 59

(1081) −6552 ÷ −78

(1082) −1924 ÷ −52

(1083) −1375 ÷ −55

(1084) 2475 ÷ −45

(1085) −5824 ÷ 91

INTEGERS

Find the quotient of the below.

(1086)   −4650 ÷ −93

(1087)   1672 ÷ −38

(1088)   4356 ÷ −99

(1089)   1475 ÷ −59

(1090)   4982 ÷ −53

(1091)   690 ÷ −30

(1092)   592 ÷ −16

(1093)   −312 ÷ −78

(1094)   1200 ÷ −40

(1095)   −2496 ÷ 26

INTEGERS

Basic Math

Find the quotient of the below.

(1096) −2982 ÷ 71

(1097) −4800 ÷ −75

(1098) 3713 ÷ −47

(1099) 1458 ÷ −81

(1100) 9120 ÷ −95

(1101) −7332 ÷ −94

(1102) −2576 ÷ 28

(1103) 410 ÷ −5

(1104) 360 ÷ − 20

(1105) −340 ÷ −5

INTEGERS

Find the quotient of the below.

(1106) −2240 ÷ −35

(1107) −72 ÷ 72

(1108) 36 ÷ −6

(1109) −5616 ÷ −78

(1110) 174 ÷ −58

(1111) −2775 ÷ 37

(1112) 1424 ÷ −89

(1113) 825 ÷ −25

(1114) −4332 ÷ 76

(1115) 0 ÷ 65

INTEGERS

Basic Math

Find the quotient of the below.

(1116)   4233 ÷ −51

(1117)   −450 ÷ 30

(1118)   3700 ÷ −100

(1119)   −2808 ÷ −78

(1120)   530 ÷ −53

(1121)   −80 ÷ −8

(1122)   −2800 ÷ 40

(1123)   −6440 ÷ −70

(1124)   238 ÷ −7

(1125)   2400 ÷ −32

INTEGERS

Find the quotient of the below.

(1126)   −3081 ÷ 39

(1127)   −6300 ÷ 70

(1128)   −2112 ÷ −22

(1129)   −390 ÷ 78

(1130)   −3159 ÷ 81

(1131)   −3813 ÷ −41

(1132)   −2324 ÷ 83

(1133)   2352 ÷ −49

(1134)   −2040 ÷ 30

(1135)   −3828 ÷ −87

INTEGERS

Find the quotient of the below.

(1136)   −920 ÷ 92

(1137)   −306 ÷ −34

(1138)   1749 ÷ −33

(1139)   8600 ÷ −86

(1140)   −5002 ÷ 82

INTEGERS

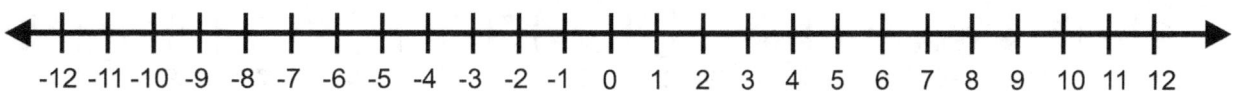

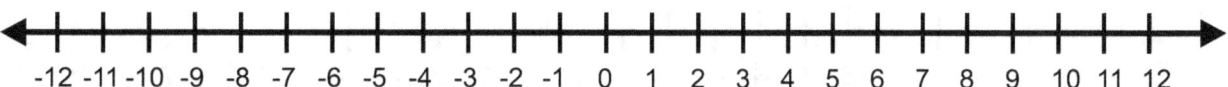

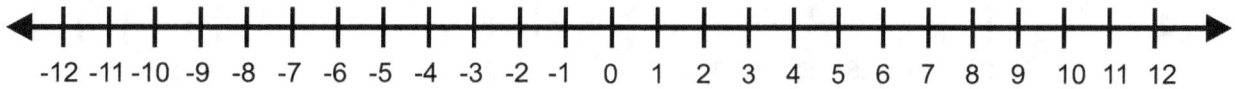

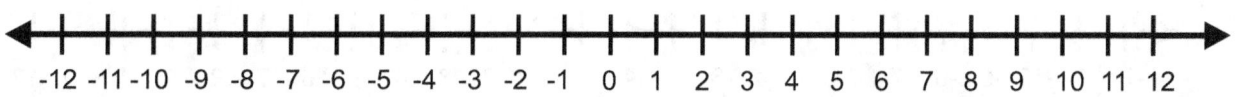

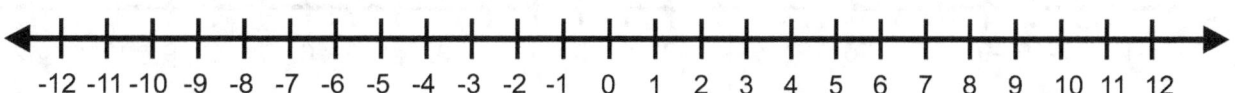

INTEGERS

Basic Math

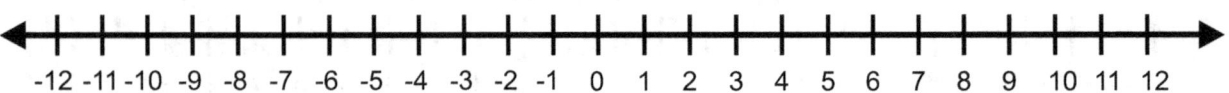

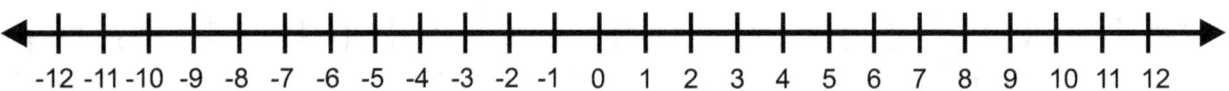

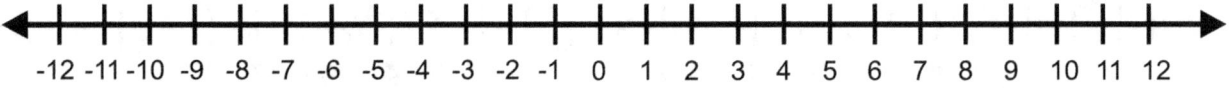

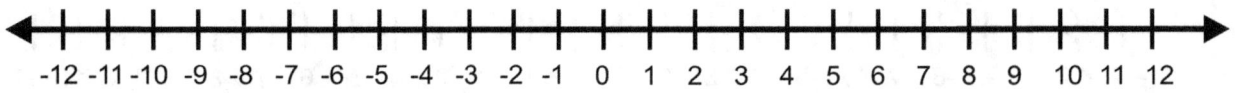

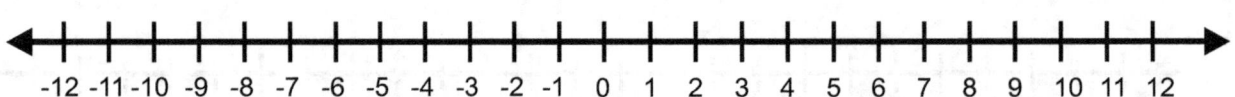

INTEGERS

Basic Math

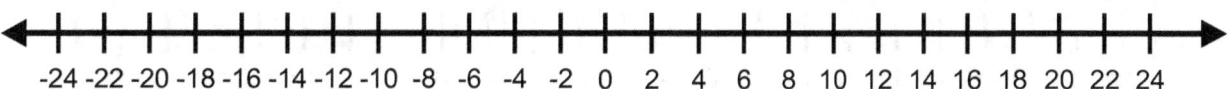

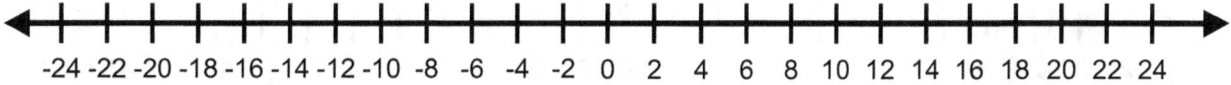

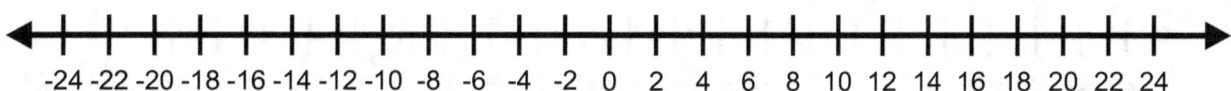

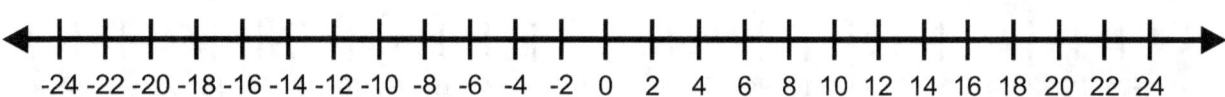

INTEGERS

Basic Math

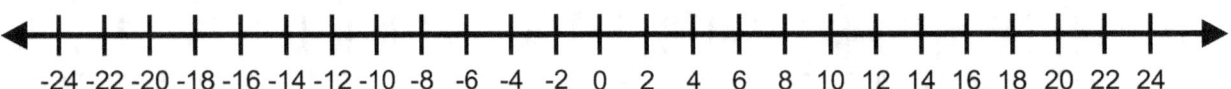

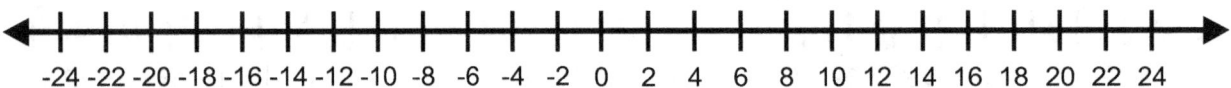

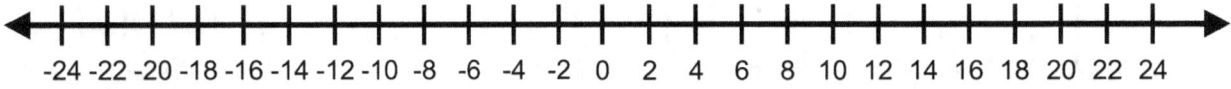

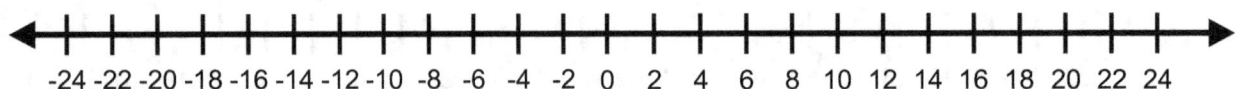

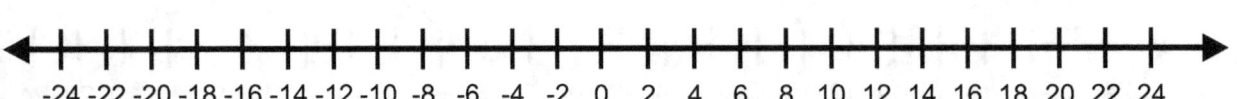

INTEGERS

Basic Math

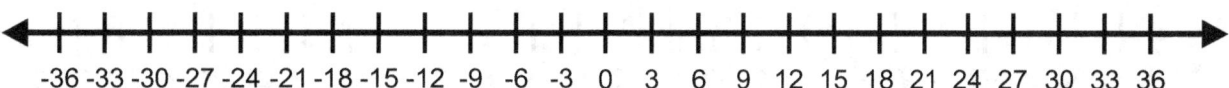

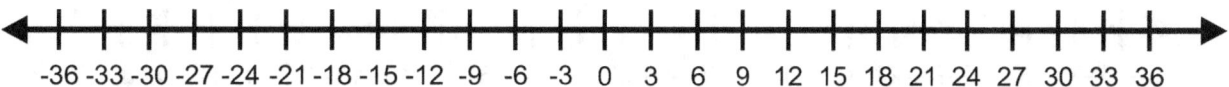

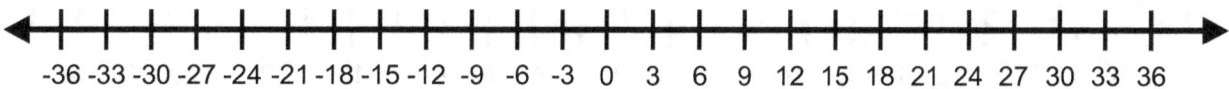

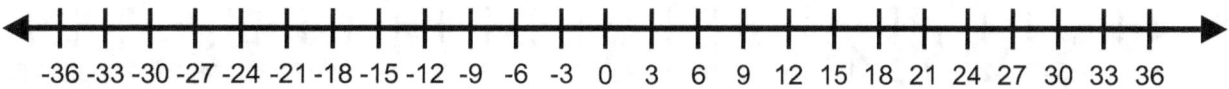

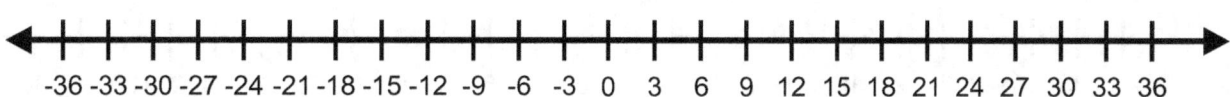

INTEGERS

Basic Math

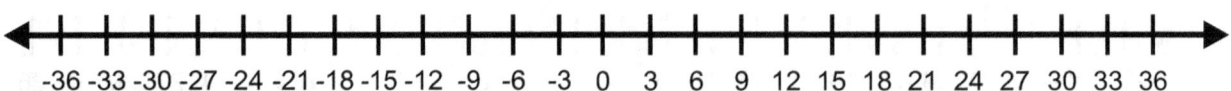

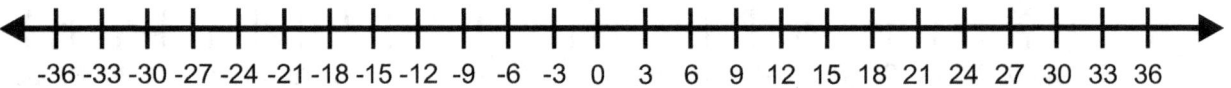

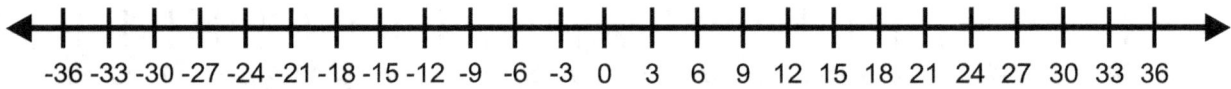

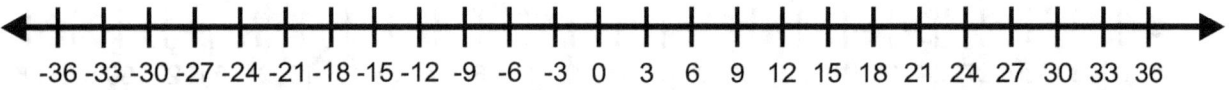

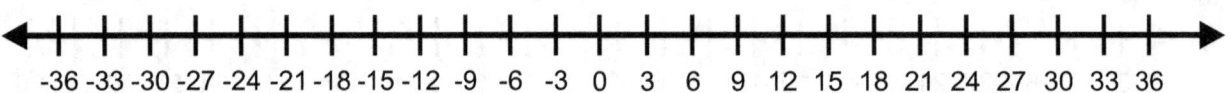

INTEGERS

Basic Math

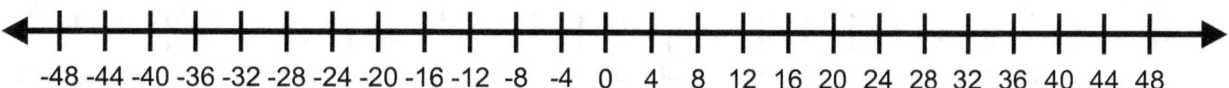
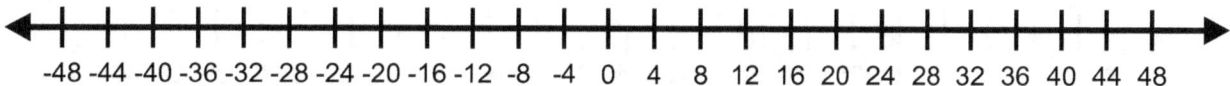
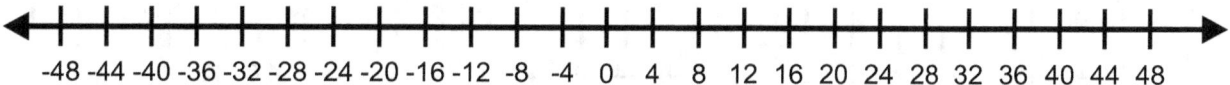
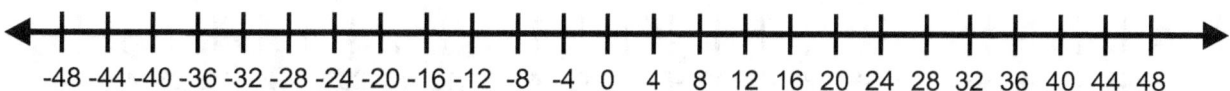
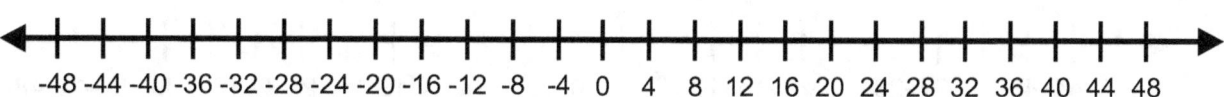

INTEGERS

Basic Math

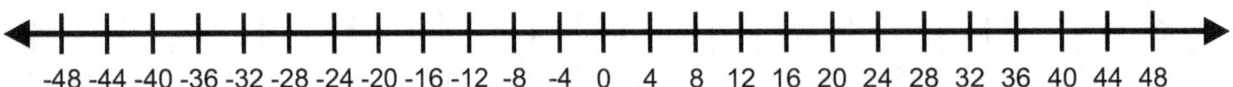

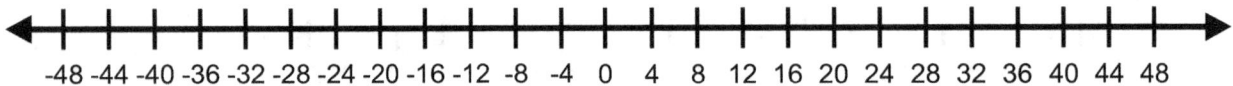

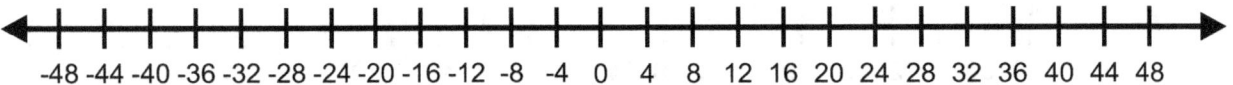

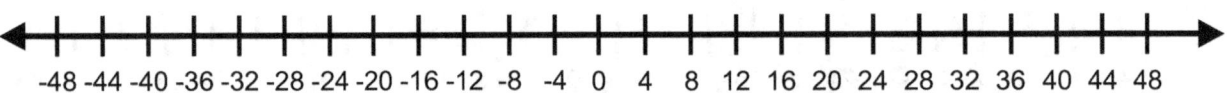

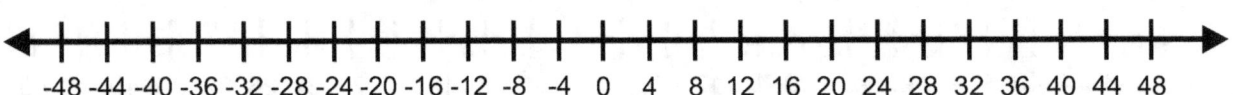

INTEGERS

Basic Math

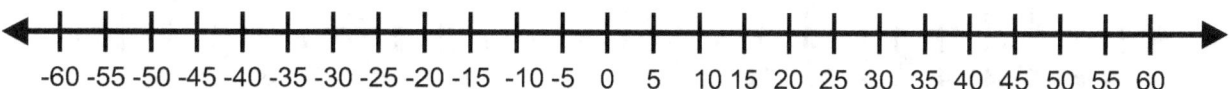

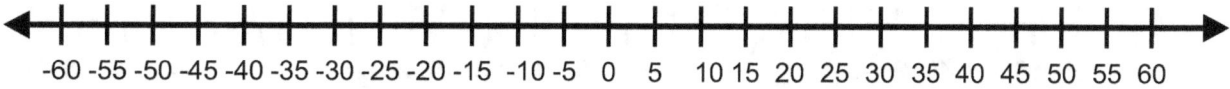

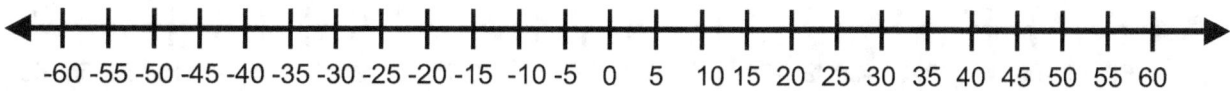

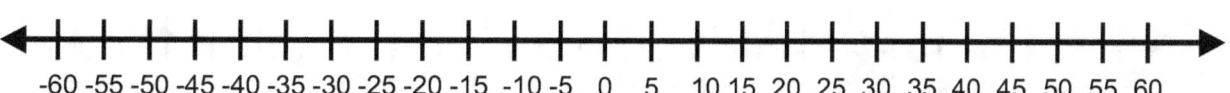

INTEGERS

Basic Math

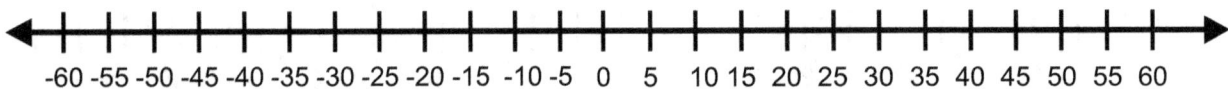

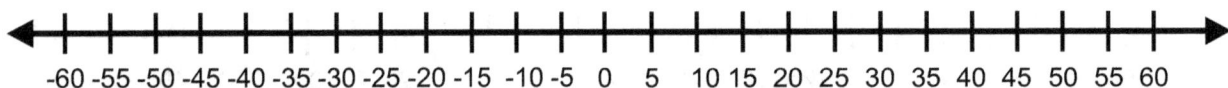

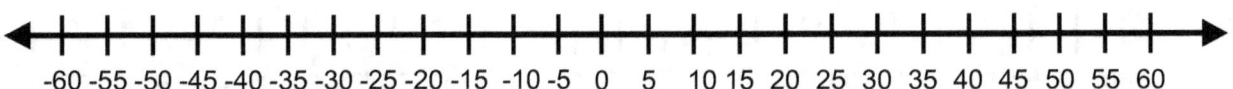

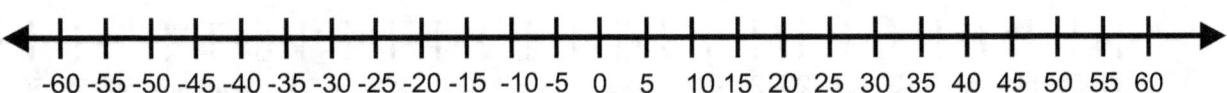

INTEGERS

Basic Math Answer Keys

INTEGERS

Answer Key

(1) 0	(2) 22	(3) −50	(4) −35
(5) −89	(6) −73	(7) −41	(8) −21
(9) −57	(10) −40	(11) −57	(12) 42
(13) 11	(14) −61	(15) −14	(16) −50
(17) −18	(18) 25	(19) 30	(20) 6
(21) 12	(22) −1	(23) −43	(24) 21
(25) −11	(26) −31	(27) −32	(28) −21
(29) −14	(30) 13	(31) −53	(32) −26
(33) 39	(34) 31	(35) 28	(36) −84
(37) −31	(38) −40	(39) −22	(40) −7
(41) −52	(42) −1	(43) −14	(44) −12
(45) −22	(46) −59	(47) 0	(48) −21

INTEGERS

Basic Math Answer Keys

(49) 25   (50) −20   (51) 31   (52) 21

(53) 16   (54) −78   (55) −15   (56) −64

(57) −22   (58) 23   (59) 38   (60) −21

(61) −2   (62) −30   (63) −97   (64) 3

(65) 35   (66) −41   (67) −66   (68) −54

(69) −10   (70) −91   (71) 41   (72) −25

(73) −5   (74) −27   (75) −19   (76) −907

(77) −62   (78) 424   (79) 159   (80) 482

(81) −1677   (82) −436   (83) −1255   (84) −1318

(85) 521   (86) 17   (87) 1547   (88) 358

(89) 417   (90) 402   (91) 360   (92) −1400

(93) −48   (94) 129   (95) −70   (96) −94

INTEGERS

Basic Math Answer Keys

(97) −1137   (98) 67   (99) 301   (100) 856

(101) 672   (102) −1095   (103) 450   (104) −424

(105) −1261   (106) 506   (107) −166   (108) −1301

(109) −58   (110) −960   (111) 141   (112) 697

(113) 280   (114) 863   (115) −1667   (116) −491

(117) 239   (118) 850   (119) −1486   (120) −513

(121) −526   (122) 651   (123) 939   (124) −1344

(125) −1461   (126) 1279   (127) −81   (128) −528

(129) −483   (130) 899   (131) −256   (132) 927

(133) −2063   (134) −709   (135) −1973   (136) 800

(137) 753   (138) −2040   (139) −1212   (140) −251

(141) 1623   (142) 666   (143) −243   (144) −1122

INTEGERS

Basic Math Answer Keys

(145) −329   (146) 727   (147) 294   (148) 221

(149) 600   (150) −345   (151) 367   (152) 1040

(153) 1373   (154) −926   (155) −668   (156) 250

(157) 586   (158) −233   (159) 866   (160) −2319

(161) 290   (162) 645   (163) −528   (164) 186

(165) 1521   (166) −869   (167) −1222   (168) −1349

(169) 951   (170) −710   (171) −334   (172) 538

(173) 912   (174) 416   (175) 145   (176) −180

(177) −87   (178) −1007   (179) −958   (180) 734

(181) 1185   (182) −506   (183) 513   (184) −235

(185) −612   (186) 1563   (187) 481   (188) 1355

(189) 444   (190) −1523   (191) 1777   (192) −1394

INTEGERS

Basic Math Answer Keys

(193) 705   (194) 289   (195) 363   (196) −1655

(197) 391   (198) −757   (199) −743   (200) 1669

(201) −1109   (202) 707   (203) −1301   (204) −194

(205) 823   (206) −1109   (207) −557   (208) −19

(209) 741   (210) 1950   (211) 628   (212) −1057

(213) −1602   (214) −2264   (215) −210   (216) 167

(217) −814   (218) −606   (219) −129   (220) 1078

(221) −970   (222) −331   (223) −2735   (224) −211

(225) 359   (226) −166   (227) −22   (228) −11

(229) 85   (230) 44   (231) −41   (232) −22

(233) 41   (234) 1   (235) 102   (236) 65

(237) 149   (238) −137   (239) 66   (240) 105

INTEGERS

Basic Math Answer Keys

(241) 72   (242) 22   (243) 52   (244) −152

(245) −63   (246) −86   (247) 16   (248) 126

(249) 117   (250) 171   (251) −20   (252) −27

(253) 129   (254) −85   (255) 151   (256) 157

(257) 29   (258) −9   (259) −115   (260) −69

(261) 93   (262) 59   (263) 186   (264) −81

(265) 80   (266) 126   (267) 125   (268) 109

(269) −48   (270) −104   (271) 148   (272) 24

(273) −48   (274) −47   (275) −153   (276) 43

(277) 72   (278) 52   (279) 88   (280) −170

(281) −6   (282) −112   (283) 111   (284) 92

(285) 12   (286) −183   (287) 179   (288) 61

INTEGERS

Basic Math Answer Keys

(289) 53   (290) −71   (291) 100   (292) −157

(293) −19   (294) 116   (295) −12   (296) 113

(297) −165   (298) 63   (299) −109   (300) −68

(301) −772   (302) 424   (303) 25   (304) 144

(305) −158   (306) 723   (307) 11   (308) 451

(309) −828   (310) −603   (311) −129   (312) 635

(313) 353   (314) 346   (315) −330   (316) −260

(317) 192   (318) −103   (319) 112   (320) 455

(321) 273   (322) −52   (323) −503   (324) −177

(325) 633   (326) −245   (327) 569   (328) −116

(329) −279   (330) −664   (331) −370   (332) 254

(333) 764   (334) −175   (335) 148   (336) 95

INTEGERS

Basic Math Answer Keys

(337) −557   (338) −311   (339) −596   (340) 493

(341) 250   (342) −205   (343) −480   (344) −574

(345) −37   (346) 229   (347) 551   (348) 324

(349) −154   (350) −145   (351) −712   (352) 428

(353) 260   (354) 170   (355) −623   (356) 688

(357) −222   (358) −465   (359) 817   (360) 730

(361) −226   (362) 921   (363) −858   (364) −274

(365) 57   (366) 967   (367) 383   (368) 667

(369) −94   (370) 622   (371) −540   (372) −693

(373) 244   (374) 573   (375) 753   (376) 20

(377) −49   (378) −27   (379) −35   (380) 86

(381) −86   (382) −77   (383) 14   (384) 137

INTEGERS

Basic Math Answer Keys

(385) 113   (386) −137   (387) 42   (388) −58

(389) −53   (390) 61   (391) 61   (392) 215

(393) 37   (394) 73   (395) 105   (396) 9

(397) 51   (398) 206   (399) 40   (400) −16

(401) 21   (402) −128   (403) −26   (404) −77

(405) −177   (406) −268   (407) −85   (408) 123

(409) −81   (410) −118   (411) 166   (412) −47

(413) 22   (414) −31   (415) 166   (416) −171

(417) 167   (418) 7   (419) 37   (420) 49

(421) −13   (422) 97   (423) −198   (424) 10

(425) 112   (426) 38   (427) −81   (428) −118

(429) 19   (430) 58   (431) −94   (432) −56

INTEGERS

Basic Math Answer Keys

(433) 220   (434) −107   (435) 122   (436) 19

(437) 108   (438) 41   (439) −24   (440) −136

(441) −23   (442) −69   (443) 15   (444) −31

(445) 47   (446) −88   (447) −95   (448) 50

(449) −15   (450) 89   (451) −1445   (452) 594

(453) −704   (454) 231   (455) −1146   (456) −1769

(457) −409   (458) −302   (459) 999   (460) −115

(461) 1182   (462) −1771   (463) 1894   (464) 1465

(465) 268   (466) −98   (467) 817   (468) −229

(469) 1121   (470) 1522   (471) 48   (472) 371

(473) −415   (474) 252   (475) 724   (476) 126

(477) 324   (478) 383   (479) −890   (480) −652

INTEGERS

Basic Math Answer Keys

(481) 587   (482) 704   (483) −765   (484) 257

(485) 1785   (486) 1054   (487) 1828   (488) 237

(489) −956   (490) −1123   (491) −1374   (492) −136

(493) −140   (494) −96   (495) 282   (496) 51

(497) 1508   (498) −404   (499) −1191   (500) −575

(501) −149   (502) −629   (503) −1630   (504) −1

(505) −479   (506) −1127   (507) 1031   (508) 710

(509) 66   (510) 714   (511) −2231   (512) 163

(513) −1435   (514) −734   (515) −770   (516) 518

(517) −682   (518) 1372   (519) −1639   (520) −297

(521) 1321   (522) 1226   (523) 582   (524) −204

(525) 798   (526) −43   (527) 2228   (528) 794

INTEGERS

(529)	−155	(530)	624	(531)	−1101	(532)	−766
(533)	−343	(534)	−708	(535)	270	(536)	−860
(537)	1597	(538)	1050	(539)	1629	(540)	1521
(541)	49	(542)	4	(543)	−32	(544)	−100
(545)	−18	(546)	−18	(547)	−24	(548)	21
(549)	14	(550)	−20	(551)	−18	(552)	−70
(553)	−64	(554)	−12	(555)	−56	(556)	0
(557)	27	(558)	0	(559)	0	(560)	0
(561)	−16	(562)	−50	(563)	−5	(564)	−36
(565)	45	(566)	0	(567)	−27	(568)	−9
(569)	−42	(570)	−16	(571)	−24	(572)	56
(573)	−90	(574)	−21	(575)	−20	(576)	−35

INTEGERS

Basic Math Answer Keys

(577) −42   (578) −18   (579) 81   (580) −50

(581) 45   (582) 2   (583) −80   (584) 16

(585) 0   (586) 16   (587) 0   (588) −6

(589) −6   (590) −60   (591) −16   (592) −10

(593) 0   (594) −36   (595) 21   (596) 72

(597) 35   (598) −36   (599) −35   (600) 100

(601) 27   (602) −54   (603) −18   (604) 80

(605) 24   (606) −72   (607) −20   (608) −24

(609) 30   (610) 36   (611) −21   (612) 72

(613) 54   (614) −54   (615) 28   (616) 198

(617) 12   (618) −104   (619) 18   (620) −90

(621) −30   (622) −160   (623) −30   (624) 306

INTEGERS

Basic Math Answer Keys

(625) −85   (626) 91   (627) −60   (628) −60

(629) 266   (630) 64   (631) −54   (632) 36

(633) −100   (634) −27   (635) −120   (636) 132

(637) 135   (638) −12   (639) −34   (640) 96

(641) −36   (642) 56   (643) −20   (644) −32

(645) −200   (646) −56   (647) −162   (648) 200

(649) −165   (650) −64   (651) −75   (652) −34

(653) −140   (654) −80   (655) −90   (656) 133

(657) −51   (658) −180   (659) −180   (660) 238

(661) −220   (662) −112   (663) −140   (664) −4

(665) −165   (666) −85   (667) 198   (668) −60

(669) −45   (670) −120   (671) −90   (672) 285

INTEGERS

Basic Math Answer Keys

(673) −38   (674) −120   (675) 143   (676) −256

(677) −24   (678) 39   (679) −84   (680) 3

(681) −112   (682) −288   (683) −126   (684) −30

(685) −15   (686) 54   (687) 66   (688) −48

(689) −84   (690) −33   (691) 2142   (692) −5376

(693) −13376   (694) −160   (695) −1000   (696) −14872

(697) −594   (698) 7128   (699) −1050   (700) 2856

(701) −7106   (702) −704   (703) 29667   (704) −6510

(705) −6076   (706) 21700   (707) −7935   (708) −5967

(709) 20280   (710) −4125   (711) 20   (712) −18270

(713) −4760   (714) 232   (715) 7904   (716) 35904

(717) −13832   (718) 13770   (719) 1495   (720) −3402

INTEGERS

Basic Math Answer Keys

(721) −17952   (722) 1300   (723) 1760   (724) −2808

(725) 16940   (726) −870   (727) 3192   (728) 13950

(729) 176   (730) 0   (731) −2030   (732) −1470

(733) 2856   (734) −9504   (735) −352   (736) 2400

(737) 2976   (738) 9280   (739) 440   (740) 4032

(741) 792   (742) −1800   (743) 5589   (744) −6380

(745) 1827   (746) 10098   (747) −13552 (748) 17600

(749) 4760   (750) 16625   (751) −5544   (752) 13050

(753) −648   (754) 9152   (755) −165   (756) −207

(757) 6720   (758) −9072   (759) 2640   (760) −23800

(761) 180   (762) −5460   (763) 1600   (764) −2046

(765) −3600   (766) 21692   (767) 74448   (768) −2277

INTEGERS

Basic Math Answer Keys

(769) −16660   (770) 3920   (771) −25168   (772) 48048

(773) −13640   (774) −20672   (775) −24288   (776) 62040

(777) 108192   (778) −16128   (779) −988   (780) 28764

(781) 27600   (782) 675   (783) −48128   (784) 11100

(785) −60480   (786) 6270   (787) −1536   (788) −1248

(789) −4752   (790) −8160   (791) −475   (792) −13376

(793) 38880   (794) 9471   (795) 2268   (796) 19684

(797) −4992   (798) −1628   (799) −90   (800) 27675

(801) 14850   (802) −1363   (803) 2900   (804) −792

(805) −59400   (806) −494   (807) −3500   (808) −20672

(809) −25056   (810) 24354   (811) −1674   (812) −9823

(813) −1980   (814) −3861   (815) −15180   (816) −7560

INTEGERS

(817) −3750   (818) −30268   (819) −2800   (820) 42312

(821) −11020   (822) −23250   (823) −43200   (824) −11088

(825) 4752   (826) 2277   (827) −10080   (828) −25823

(829) −81   (830) −594   (831) −60   (832) −14245

(833) −21600   (834) 9765   (835) 9720   (836) −57960

(837) −11020   (838) 1482   (839) 5456   (840) 19008

(841) 2100   (842) −2016   (843) 42959   (844) 540

(845) 8019   (846) −6600   (847) −21060   (848) −1274

(849) −7392   (850) 3888   (851) −14580   (852) −3420

(853) −12375   (854) 57120   (855) −2016   (856) 160

(857) 17340   (858) 9000   (859) 1824   (860) −3249

(861) 336   (862) 5700   (863) 18480   (864) 9072

INTEGERS

Basic Math Answer Keys

(865) −4200   (866) −210   (867) −540   (868) 4536

(869) −10368   (870) −63360   (871) 5500   (872) −82944

(873) −2592   (874) 264   (875) 9386   (876) −864

(877) −5120   (878) −4400   (879) 819   (880) 816

(881) −15827   (882) −4704   (883) −20160   (884) −2080

(885) −4680   (886) −960   (887) −34560   (888) −5400

(889) −1260   (890) −1140   (891) 5040   (892) −6080

(893) 4356   (894) 8160   (895) −20592   (896) −9360

(897) 378   (898) −4576   (899) −12103   (900) 5040

(901) 5400   (902) 7182   (903) −3600   (904) −6552

(905) 17280   (906) 3240   (907) −1760   (908) 480

(909) −20216   (910) −8000   (911) 17238   (912) 9126

INTEGERS

Basic Math Answer Keys

(913) −76500 (914) 176 (915) −16380 (916) −6

(917) 6 (918) −2 (919) 6 (920) −4

(921) −5 (922) 9 (923) 15 (924) 12

(925) −4 (926) −2 (927) 0 (928) −11

(929) 15 (930) 2 (931) 2 (932) 10

(933) −6 (934) −7 (935) −13 (936) 9

(937) 4 (938) −2 (939) 12 (940) −6

(941) −9 (942) −14 (943) 0 (944) −2

(945) −6 (946) −10 (947) −8 (948) 12

(949) −9 (950) −15 (951) 14 (952) −6

(953) 0 (954) −11 (955) 15 (956) 14

(957) −10 (958) 4 (959) −15 (960) 7

INTEGERS

Basic Math Answer Keys

(961) −10   (962) −11   (963) 3   (964) −1

(965) 12   (966) −7   (967) 0   (968) 10

(969) 15   (970) 2   (971) 11   (972) −2

(973) −7   (974) −9   (975) 11   (976) 9

(977) 9   (978) −13   (979) −5   (980) −10

(981) −12   (982) 3   (983) −2   (984) −3

(985) −12   (986) −6   (987) 5   (988) −11

(989) 0   (990) 7   (991) 40   (992) 19

(993) 43   (994) 25   (995) 16   (996) 50

(997) 25   (998) 13   (999) 50   (1000) 9

(1001) 10   (1002) 13   (1003) 21   (1004) 18

(1005) 29   (1006) 11   (1007) 42   (1008) 43

INTEGERS

Basic Math Answer Keys

(1009) 27   (1010) 44   (1011) 6   (1012) 14

(1013) 16   (1014) 14   (1015) 47   (1016) 35

(1017) 7   (1018) 33   (1019) 3   (1020) 36

(1021) 12   (1022) 25   (1023) 49   (1024) 5

(1025) 18   (1026) 18   (1027) 30   (1028) 6

(1029) 0   (1030) 12   (1031) 40   (1032) 13

(1033) 13   (1034) 37   (1035) 11   (1036) 5

(1037) 11   (1038) 35   (1039) 7   (1040) 5

(1041) 29   (1042) 2   (1043) 33   (1044) 41

(1045) 49   (1046) 40   (1047) 21   (1048) 18

(1049) 19   (1050) 2   (1051) 48   (1052) 39

(1053) 7   (1054) 25   (1055) 20   (1056) 34

INTEGERS

Basic Math Answer Keys

(1057) 36   (1058) 35   (1059) 23   (1060) 39

(1061) 10   (1062) 13   (1063) 17   (1064) 5

(1065) 48   (1066) −97   (1067) −78   (1068) −25

(1069) −20   (1070) −70   (1071) 90   (1072) 30

(1073) −14   (1074) −62   (1075) −82   (1076) −96

(1077) 65   (1078) −24   (1079) −1   (1080) −94

(1081) 84   (1082) 37   (1083) 25   (1084) −55

(1085) −64   (1086) 50   (1087) −44   (1088) −44

(1089) −25   (1090) −94   (1091) −23   (1092) −37

(1093) 4   (1094) −30   (1095) −96   (1096) −42

(1097) 64   (1098) −79   (1099) −18   (1100) −96

(1101) 78   (1102) −92   (1103) −82   (1104) −18

INTEGERS

Basic Math Answer Keys

(1105) 68   (1106) 64   (1107) −1   (1108) −6

(1109) 72   (1110) −3   (1111) −75   (1112) −16

(1113) −33   (1114) −57   (1115) 0   (1116) −83

(1117) −15   (1118) −37   (1119) 36   (1120) −10

(1121) 10   (1122) −70   (1123) 92   (1124) −34

(1125) −75   (1126) −79   (1127) −90   (1128) 96

(1129) −5   (1130) −39   (1131) 93   (1132) −28

(1133) −48   (1134) −68   (1135) 44   (1136) −10

(1137) 9   (1138) −53   (1139) −100   (1140) −61